CON GRIN SUS CONOCIMIENTOS VALEN MAS

- Publicamos su trabajo académico, tesis y tesina

- Su propio eBook y libro - en todos los comercios importantes del mundo

- Cada venta le sale rentable

Ahora suba en www.GRIN.com y publique gratis

Bibliographic information published by the German National Library:

The German National Library lists this publication in the National Bibliography; detailed bibliographic data are available on the Internet at http://dnb.dnb.de .

This book is copyright material and must not be copied, reproduced, transferred, distributed, leased, licensed or publicly performed or used in any way except as specifically permitted in writing by the publishers, as allowed under the terms and conditions under which it was purchased or as strictly permitted by applicable copyright law. Any unauthorized distribution or use of this text may be a direct infringement of the author s and publisher s rights and those responsible may be liable in law accordingly.

Imprint:

Copyright © 2018 GRIN Verlag
Print and binding: Books on Demand GmbH, Norderstedt Germany
ISBN: 9783668772656

This book at GRIN:

https://www.grin.com/document/418811

Guillermo Gamarra Astuhuamán

Aplicación de las pruebas estadísticas de Wilcoxon y Mann

GRIN Verlag

GRIN - Your knowledge has value

Since its foundation in 1998, GRIN has specialized in publishing academic texts by students, college teachers and other academics as e-book and printed book. The website www.grin.com is an ideal platform for presenting term papers, final papers, scientific essays, dissertations and specialist books.

Visit us on the internet:

http://www.grin.com/

http://www.facebook.com/grincom

http://www.twitter.com/grin_com

Aplicación de las pruebas estadísticas de Wilcoxon y Mann-Whitney con SPSS

Dr. Guillermo Gamarra Astuhuamán
Universidad Nacional Daniel Alcides Carrión

Resumen: El objetivo del trabajo fue analizar la importancia de las pruebas estadísticas de Wilcoxon y Mann-Whitney en la educación y evaluar estas pruebas con el programa estadístico de SPSS. Los métodos estadísticos no paramétricos fueron analizados con casos educativos como Wilcoxon (n = 21) y seguido por Mann-Whitney (n_A = 20 y n_B = 18), la característica de la variable de estudio son datos cualitativos de tipo es ordinal, la primera compara la media de dos muestras relacionadas y la segunda compara dos muestras independientes. Los resultados de las pruebas de Wilcoxon y Mann Whithcy son interpretados a partir del *p-valor* < 0,05 obtenidos con SPSS. Se concluye que las pruebas Mann-Whitney consiste en comparar los totales de las categorías correspondientes a las dos condiciones a partir de la clasificación conjunta, mientras que la prueba Wilcoxon analiza los datos para muestras relacionadas (antes y después) con una sola variable de estudio; entonces sugerimos a los futuros maestritas y doctorandos aplicar estas pruebas en sus trabajos de investigación.

Palabra clave: Estadística/ Wilcoxon/ Mann-Whitney/ SPSS

Abstrac: The objective of the work was to analyze the importance of the Wilcoxon and Mann-Whitney statistical tests in education and to evaluate these tests with the statistical program of SPSS. The nonparametric statistical methods were analyzed with educational cases such as Wilcoxon (n = 21) and followed by Mann-Whitney (nA = 20 and nB = 18), the characteristic of the study variable are qualitative data of type ordinal, the first compares the average of two related samples and the second compares two independent samples. The results of the Wilcoxon and Mann-Whitney tests are interpreted from the *p-value* <0.05 obtained with SPSS. It is concluded that the Mann-Whitney tests consist in comparing the totals of the categories corresponding to the two conditions from the joint classification while the Wilcoxon test analyzes the data for related samples (before and after) with a single study variable; then we suggest to the future masters and doctoral students to apply these tests in their research works.

Keyword: Statistics / Wilcoxon / Mann-Whitney / SPSS

Résumé: L'objectif du travail était d'analyser l'importance des tests statistiques Wilcoxon et Mann-Whitney dans l'éducation et d'évaluer ces tests avec le programme statistique de SPSS. Les méthodes statistiques non paramétriques ont été analysées avec des cas éducatifs tels que Wilcoxon (n = 21) et suivis par Mann-Whitney (n_A = 20 et n_B = 18), les caractéristiques de la variable d'étude sont des données qualitatives de type ordinal, le premier compare la moyenne de deux échantillons connexes et le second compare deux échantillons indépendants. Les résultats des tests de Wilcoxon et Mann-Whithey sont interprétés à partir de la *valeur p* < 0,05 obtenue avec SPSS. Il est conclu que les tests de Mann-Whitney consistent à comparer les totaux des catégories correspondant aux deux conditions de la classification conjointe tandis que le test de Wilcoxon analyse les données pour les échantillons connexes (avant et après) avec une seule variable d'étude, nous proposons ensuite aux futurs maîtres et doctorants d'appliquer ces tests dans leurs travaux de recherche.

Mot-clé: Statistiques / Wilcoxon / Mann-Whitney / SPSS

1. Introducción

En los últimos años en las investigaciones educativas se han observado que muchos trabajos, aplican las pruebas estadísticas para contrastar las hipótesis de estudio, se debe entender que las pruebas estadísticas juegan un rol fundamental en la investigación educativa, porque nos permite extrae inferencias en poblaciones a partir del estudio de la muestra.

En la actualidad existen muchas pruebas estadísticas tanto paramétricas como no paramétricas donde el investigador se encuentra frente a un dilema de elegir la más apropiadas para aplicar a su trabajo de investigación constituyéndose así un punto crítico del análisis estadístico que trae como consecuencia los riesgos de una información deficiente, y conducentes a una inadecuada interpretación de las conclusiones.

En este caso nos ocuparemos de analizar la importancia de la estadística no paramétrica de Wilcoxon y Mann-Whitney los cuales fueron tomados por las siguientes razones: a) los datos provenientes son ordinales, b) las muestras de estudios son independientes y relacionadas, c) las muestras son pequeñas menores que 25 datos, sí las muestras son grandes (> 25) se intenta lograr la distribución normal (se utiliza la prueba Z). y d) son aplicables en situaciones donde los procedimientos clásicos no son aplicables.

El objetivo de este trabajo de revisión es explicar la importancia de las pruebas de Wilcoxon y Mann-Whitney con datos supuestos de carácter educativo aplicando SPSS. Asimismo, se realizará una breve descripción de cada una de las pruebas estadísticas, las ventajas y desventajas de las respectivas pruebas y finalmente aplicar para luego interpretar los resultados.

La prueba de Wilcoxon (1892-1965)

Fue un químico y estadístico estadounidense conocido por el desarrollo de diversas pruebas estadísticas no paramétricas. Nació el 2 de septiembre de 1892 en Cork, Irlanda, aunque sus padres eran estadounidenses. Creció en Catskill, Nueva York, pero se educó también en Inglaterra. Publicó más de 70 artículos, pero se le conoce fundamentalmente por uno de 1945 en el que se describen dos nuevas pruebas estadísticas: la prueba de la suma de los rangos de Wilcoxon y la prueba de los signos de Wilcoxon. Este modelo estadístico corresponde a un equivalente de la prueba t de Student, pero se aplica en mediciones en escala ordinal para muestras dependientes. es una alternativa de aceptable eficacia para contrastar hipótesis.

La prueba Wilcoxon consiste en comparar el número de categorías con signo positivo y negativo bajo las dos condiciones. Se calculan las diferencias de los resultados por cada participante. Si las diferencias positivas y negativas son aproximadamente las mismas, entonces éstas pueden ser aleatorias entre las condiciones como lo establece la hipótesis nula. Para descartar a la hipótesis nula y aceptar la de investigación debe existir un predominio de categorías positivas o negativas en la dirección esperada. Si existen resultados obtenidos por alguno de los participantes que sean iguales en las dos condiciones no deben ser incluidos en el análisis puesto que una diferencia de 0 (cero) no tiene signo (Miller & Miller, 1993, cap.3).

De acuerdo a lo anterior, la prueba Wilcoxon para muestras relacionadas debe cumplir con los siguientes requisitos:
- Deben existir dos condiciones experimentales (antes y después) con una variable.
- Las dos condiciones se deben aplicar a los mismos participantes.
- Los datos numéricos deben ser ordinales.
- Son pruebas no paramétricas ya que son adecuadas para realizar análisis de datos numéricos ordinales.

El procedimiento consiste en los siguiente:
- Ordenar las cantidades $|d_i|$ de menor a mayor y obtener sus rangos.
- Consideramos las diferencias d_i cuyo signo (positivo o negativo) tiene menor frecuencia (no consideramos las cantidades $d_i = 0$) y calculamos su suma, T

$$T = \begin{cases} \Sigma T(+): \text{suma de randos correspondientes a diferencias positivas} \\ \Sigma T(-): \text{suma de randos correspondientes a diferencias negativas} \end{cases}$$

Del mismo modo es necesario calcular la cantidad T(+), suma de los rangos de las observaciones con signos de d_i de mayor frecuencia, pero si hemos calculado T la siguiente expresión de T(+) es más sencilla de usar:

$$T = Min[\ T(+)\ ,\ T(-)]$$

donde *Min* en el número de rangos con signo de d_i de menor frecuencia. *T* valor estadístico de Wilcoxon, corresponde al valor absoluto de la sumatoria de los rangos con signos menos frecuente.

- Regla de decisión, se plantea la hipótesis que se adecue a la situación que se necesita resolver, y se aplica la regla de decisión de acuerdo a lo que se presenta en la tabla 1:

Tabla 1. Regla de decisión para la prueba Wilcoxon

Hipótesis	Regla de rechazar H_0 si:	α más usadas
$H_0 : Me_A = Me_B$	$T_0 < T_c$	0.025
$H_1 : Me_A \neq Me_B$		0.05
$H_0 : Me_A \geq Me_B$	$T_0 < T_c$	0.05
$H_1 : Me_A < Me_B$		0.01
$H_0 : Me_A \leq Me_B$	$T_0 < T_c$	0.05
$H_1 : Me_A > Me_B$		0.01

Donde T_c es el valor obtenido en la tabla de Valores críticos para la estadística de prueba de la Suma de Rangos de Wilcoxon considerando un tamaño de n_A y n_B y un nivel de significación dado. Si T_0 es menor o igual que las cantidades que aparecen en la tabla de Wilcoxon, se rechaza la hipótesis nula del contraste.

La prueba de Mann-Whitney

Esta prueba está considerada una de las más potentes dentro del contexto de las estadísticas no paramétricas, para dos muestras independientes. La escala de medida debe ser al menos ordinal. Fue propuesto inicialmente en 1945 por Frank Wilcoxon para muestras de igual tamaños y extendido a muestras de tamaño arbitrario como en otros sentidos por Henry B. Manny D. R. Whitney en 1947.

La prueba Mann-Whitney consiste en comparar los totales de las categorías correspondientes a las dos condiciones a partir de la clasificación conjunta. Si hay aproximadamente las mismas categorías para las dos condiciones, entonces las diferencias entre las correlaciones clasificadas son aleatorias y se debe aceptar la hipótesis nula. Pero si hay predominio significativo para una de las condiciones en la dirección esperada, esta diferencia significativa entre los totales de las categorías para las dos condiciones permite rechazar la hipótesis nula y aceptar la hipótesis de investigación (Miller & Miller, 1993, cap.6).

De acuerdo a lo anterior la prueba Mann-Whitney para muestras independientes debe cumplir con los siguientes requisitos:
- Deben existir dos condiciones experimentales (una por grupo) con una variable.
- Las dos condiciones se deben aplicar a diferentes participantes.
- Los datos numéricos deben ser ordinales.
- Regla de decisión. vendrá dada en función del planteamiento de la hipótesis que se adecue a la situación que se desea resolver, como se muestra en el cuadro 8.4 (PRIA, 2001, cap. 3):

Tabla 2. Regla de decisión para la prueba Wilcoxon

Hipótesis	Regla de rechazar H_0 si:	α más usadas
$H_0 : Me_A = Me_B$	$U_0 \leq W_{\alpha/2}$	0.025
$H_1 : Me_A \neq Me_B$	o	0.05
	$U_0 \geq W_{1-\alpha/2}$	
$H_0 : Me_A \geq Me_B$	$U_0 \leq W_\alpha$	0.05
$H_1 : Me_A < Me_B$		0.01
$H_0 : Me_A \leq Me_B$	$U_0 \geq W_{1-\alpha}$	0.05
$H_1 : Me_A > Me_B$	donde	0.01
	$W_{1-\alpha/2} = U_o - W_\alpha$	

Donde W_α y $W_{\alpha/2}$ son los valores críticos obtenidos en la tabla de valores críticos para la estadística de prueba de Mann-Whitney, en la que se consideran tamaños muestrales n_A, n_B y un nivel de significación α. Esta tabla sirve para trabajar cuando los tamaños muestrales son de menores que 20 y para muestras mayores aplicar z.

Otra forma de rechazar la hipótesis nula es cuando se está trabajando con un programa estadístico que calcule U_o y p que es la probabilidad de error de tipo I asociada a ese valor, en este caso se rechaza la hipótesis nula si p es menor al nivel de significación α tomado para la prueba.

2. Metodología

El propósito de este trabajo es comprender la importancia de cómo la estadística; busca comprender y explicar la naturaleza de los conocimientos educativos concebida de manera integral y compleja, en donde interactúan y se relacionan una variedad de variables.

Teniendo en cuenta lo anterior se ha realizado un estudio de corte cualitativo caracterizada (Taylor y Bogdan, 1987) por: a) los datos fueron ordinales (nunca, poco, regular, casi siempre y siempre), b) las observaciones de ambos grupos deben ser independientes para la prueba Mann-Whitney, c) se utiliza la prueba Wilcoxon como alternativa a la prueba t de Student cuando no se puede suponer la normalidad de la muestra de estudio y d) los datos fueron ingresados al software estadístico SPSS y la información obtenida fue analizado mediante las pruebas estadísticas de Wilcoxon y Mann-Whitney.

Este estudio se analizó con 21 datos para la prueba Wilcoxon y de 20 y 18 datos para la prueba Mann-Whitney y se legión un nivel de significación de $\alpha = 0,05$, a fin de comparar el *p-valor*, los resultados fueron analizados con el software estadístico SPSS y finalmente se utilizó la técnica

3. Resultados
Caso práctico: Prueba Wilcoxon

Para ejemplificar lo que acabamos de explicar en los párrafos anteriores y concretarlo en el programa SPSS proponemos el siguiente caso práctico:

Partimos de una suposición (hipótesis) de la agilidad para resolver problemas de matemáticas como instrumento de recolección de datos una escala para medir estos tiempos de la siguiente:

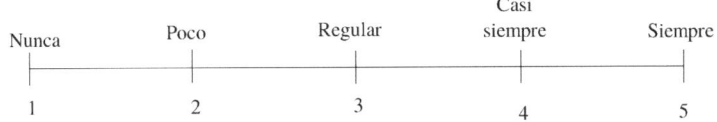

Para comprobar esta suposición se ha pasado un test de agilidad a una muestra aleatoria de 21 estudiantes del nivel secundario. Dicho test lo forman 10 ítems cuya puntuación oscila entre 1 y 5. El tiempo máximo que se dio para resolver diez problemas

fue de 60 minutos, con un grado de dificultad medio; los resultados que se muestran son antes y después de haber aplicado las estrategias de resolución de problemas en la Tabla 3.

Tabla 3. Resultados de la agilidad para resolver problemas de matemáticas con y sin la estrategia.

N°	Condición A sin estrategia	Condición B con estrategia
1	5	5
2	3	4
3	3	2
4	1	5
5	3	3
6	2	3
7	5	4
8	1	3
9	4	5
10	3	4
11	2	3
12	2	5
13	1	4
14	4	5
15	3	2
16	2	3
17	3	4
18	4	5
19	1	5
20	3	5
21	2	3

¿Cuál es la conclusión al utilizar $\alpha = 0.05_{2\,colas}$?

Solución
Planteamiento de la hipótesis estadística:
H_0: No existe diferencias significativas entre las agilidades para resolver los problemas matemáticos

H_1: Existe diferencias significativas entre las agilidades para resolver los problemas matemáticos.

El programa SPSS para esta prueba permite determinar el nivel de significación comparándolo con el nivel mínimo utilizado por los investigadores en educación que corresponde a $p < 0.05$ si el que se determina mediante el proceso del programa resulta mayor que este valor, entonces se puede decir que las diferencias de los resultados son causados por variables aleatorias y se debe aceptar la hipótesis nula, pero si el valor es menor entonces las diferencias son significativas y se debe rechazar la hipótesis nula y aceptar la hipótesis de investigación.

Introducimos los datos de la tabla 3 en la vista de variable como se presenta en la figura 1.

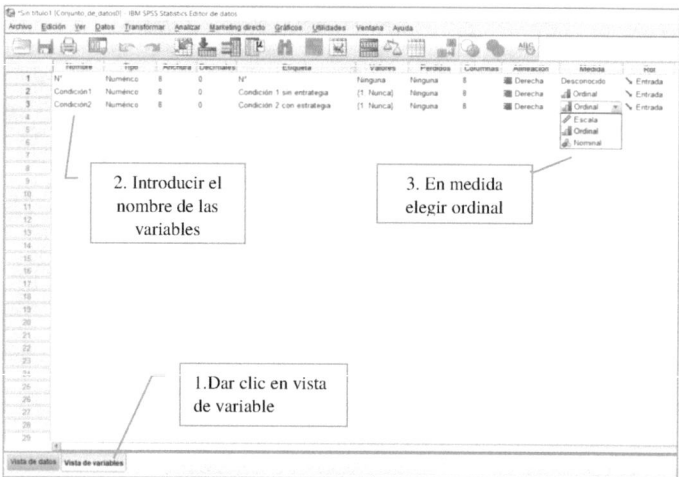

Figura 1. Variables y etiquetar

En la Figura 2 se observa cómo quedan los datos siguiendo cualquiera de los procedimientos y de acuerdo a las características seleccionadas anteriormente.

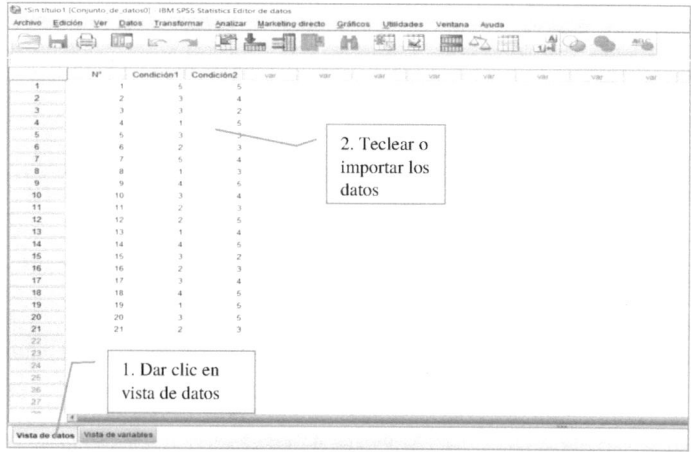

Figura 2. Presentación de los datos

Una vez que los datos se encuentran en el programa de SPSS, se procede a realizar la prueba; para hacerlo es necesario dar un clic en las siguientes pestañas como:

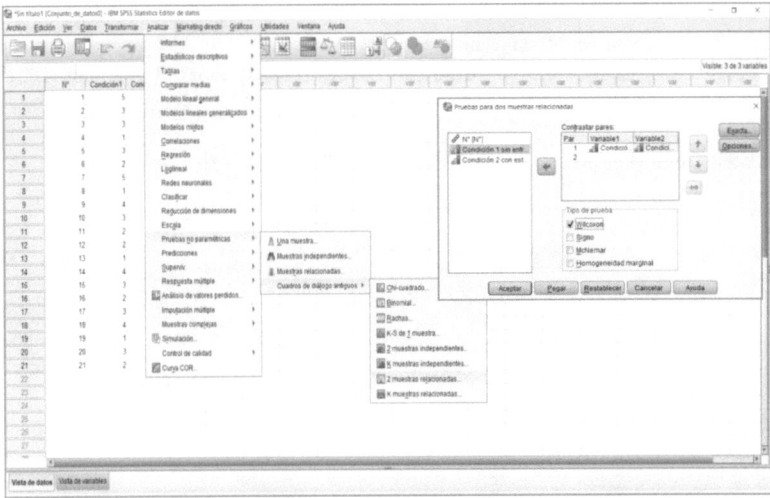

Figura 3. Pasos para seleccionar la prueba

Analizar ⇒ Pruebas no paramétricas ⇒ Cuadro de diálogos antiguos ⇒ 2 muestras relacionadas ⇒ Pasas las variables condición 1 y 2 a la ventana contrastar pares ⇒ Clic Wilcoxon ⇒ Aceptar.

Resultados
Prueba de los rangos con signo de Wilcoxon

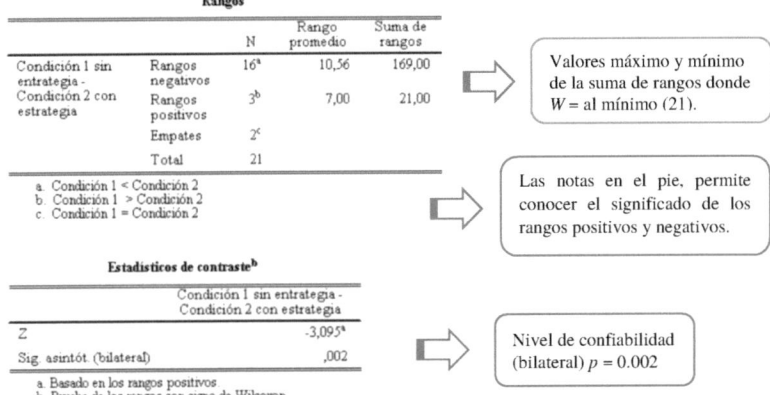

Toma de decisión

El valor encontrado 0.002 < 0.05, por lo tanto, se rechaza la hipótesis nula y aceptar la hipótesis de investigación o alterna.

Caso práctico: Prueba Mann-Whithey

Para ejemplificar lo que acabamos de decir y concretarlo en el programa SPSS proponemos el siguiente caso práctico:

Tabla 4. Resultados obtenidos después de realizar las lecturas impresas y digitales.

Grupo 1 Lecturas impresas	Grupo 2 Lecturas digitales
12	15
9	16
17	14
10	12
15	12
11	13
12	10
11	16
13	14
10	16
12	16
13	15
10	17
14	13
15	17
13	14
13	17
15	15
10	
13	

¿Cuál es la conclusión al utilizar $\alpha = 0.05_{2\ colas}$?

Solución

Planteamiento de la hipótesis estadística:

H_0: No existe diferencia significativa entre los participantes con lectura impresa en papel y la lectura digital.

H_1: Existe diferencia significativa entre los participantes con lectura impresa en papel y la lectura digital.

Antes de introducir los datos en SPSS, es necesario definir las variables y designarle las características de la tabla 4, para esto se requiere hacer un clic en la pestaña vista de variables así:

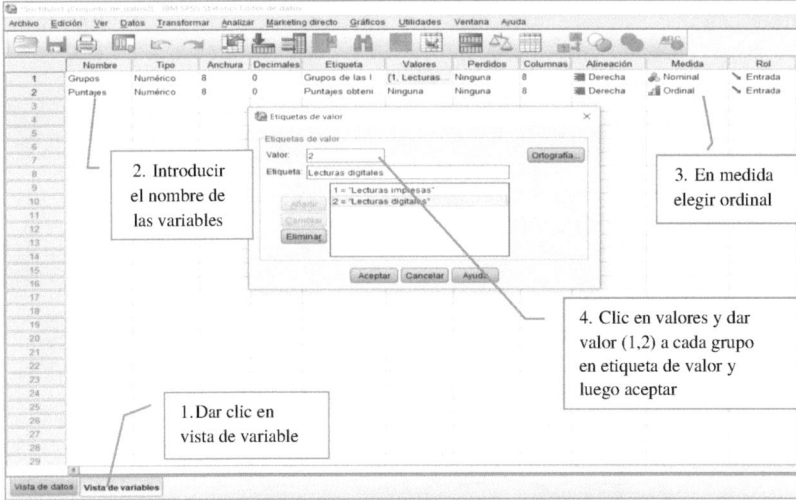

Figura 4. Variables y etiquetar de valor

Una vez que los datos se encuentran en el programa de SPSS, se procede a realizar la prueba; para hacerlo es necesario dar un clic en las siguientes pestañas como:

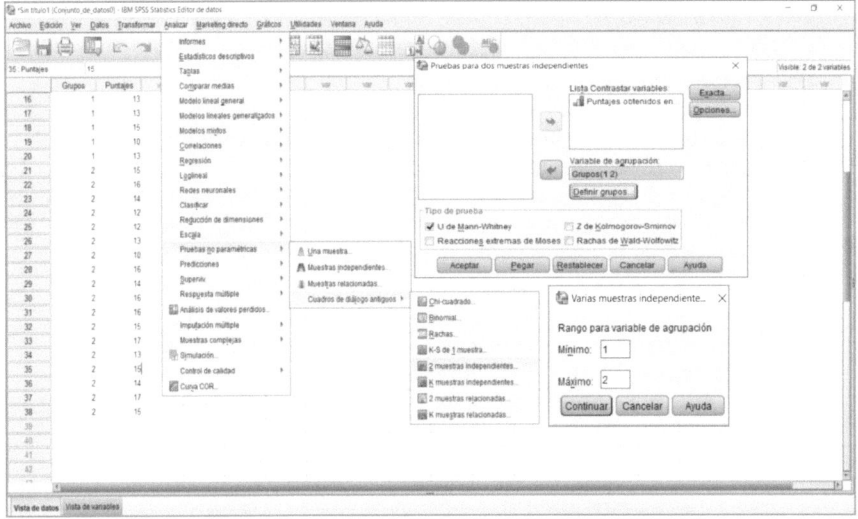

Figura 5. Pasos para seleccionar la prueba

Analizar ⇒ Pruebas no paramétricas ⇒ Cuadro de diálogos antiguos ⇒ 2 muestras independientes ⇒ Pasar las variables puntaje a lista contrastar variable y grupos a variable de agrupación ⇒ clic en definir grupo, ingresa 1 en mínimo y 2 en máximo ⇒ continuar ⇒ clic U de Mann-Whitney ⇒ Aceptar.

Resultados

Pruebas no paramétricas

Prueba de Mann-Whitney

Rangos

	Grupos de las lecturas	N	Rango promedio	Suma de rangos
Puntajes obtenidos en las lecturas	Lecturas impresas	20	14,68	293,50
	Lecturas digitales	18	24,86	447,50
	Total	38		

⇒ La suma de los rangos es igual al cuadrado

Estadísticos de contraste[b]

	Puntajes obtenidos en las lecturas
U de Mann-Whitney	83,500
W de Wilcoxon	293,500
Z	-2,849
Sig. asintót. (bilateral)	,004
Sig. exacta [2*(Sig. unilateral)]	,004[a]

a. No corregidos para los empates.
b. Variable de agrupación: Grupos de las lecturas

⇒ Nivel de confiabilidad (unilateral) $p = 0.004$

Toma decisión

El resultado de la prueba de Mann-Whitney arroja un estadístico significativamente, por lo que, se rechaza la hipótesis nula y se acepta la hipótesis nula porque $0.004 < 0.05$.

4. **Discusión**

Las investigaciones realizadas en educación en su gran mayoría de los investigadores utilizan las pruebas estadísticas paramétricas como: *"t"* Student, Coeficientes de correlación de Pearson, ANOVA, la prueba Z y la prueba no paramétrica de Chi cuadrado de Pearson; sin embargo, existen diversas pruebas no paramétricas como: Prueba exacta de McNemar, Prueba de signo, Prueba de la mediana, Prueba de Wilcoxon, Prueba de U Mann-Whitney, etc. que se pueden aplicar en las investigaciones educativas.

Las pruebas estadísticas en su gran mayoría dependen del tipo de datos que se obtienen, del tamaño de la muestra y del nivel de medición; para el caso de este estudio realizado como las pruebas de Wilcoxon y Mann-Whitney existen alternativas paramétricas o equivalencias para aplicar, así como:

Muestra	Pruebas paramétricas	Pruebas no paramétricas
Muestra relacionadas		
2 Muestras	t Student	Wilcoxon
> 2 muestras	ANOVA	Friedman
Muestra independientes		
2 Muestras	t Student	U de Mann-Whitney
> 2 muestras	ANOVA	Kruskal-Wallis

Figura 6. Equivalencia entre paramétricas y no paramétricas

Las pruebas estadísticas no paramétricas auxilian la toma de decisiones en las investigaciones educativas, en aquellos casos que no se pueden aplicar las estadísticas paramétricas y como se sabe las pruebas de criterio son insuficientes, ante la necesidad de contar de contar con una base estadística y no poder aplicar las pruebas paramétricas, por desconocimiento del investigador. Pero se debe tener en cuenta que en primer lugar deben aplicarse las pruebas estadísticas paramétricas, en segundo lugar, a las no paramétricas y finalmente las pruebas de criterio.

Cabe mencionar que en los casos prácticos se hallaron diferencias significativas, para la prueba Wilcoxon se tiene que los resultados de la prueba el valor de *p-valor* es menor que el nivel de significancia (0.002 < 0.05) y se concluye que existe una diferencia entre los alumnos referente a la agilidad (velocidad) para resolver los problemas de matemáticas antes y después de aplicar la estrategia.

Según los resultados de la prueba Mann-Whitney, se rechaza la hipótesis nula ya que $p < \alpha$ (0.004 < 0.05), por lo que existen diferencias significativas. Concluimos que existe una diferencia significativa entre los participantes con lectura impresa en papel y la lectura digital.

5. **Conclusiones**
   a) El análisis estadístico en los estudios educativos será el procedimiento objetivo por medio del cual se podrá aceptar o rechazar un conjunto de datos como confirmatorios de una hipótesis, conocido el riesgo que se corre al tomar tal decisión el investigador.

   b) La prueba de Wilcoxon es una prueba no paramétrica que sirve para comparar el rango medio de dos muestras relacionadas o dependientes y determinar si existen diferencias entre ellas, se puede decir que la prueba estadística de Wilcoxon es más potente cuando se muestrea de distribuciones asimétricas y muy apuntada.

Se usa en investigaciones educativas como alternativa a la prueba t de Student cuando no se puede suponer la normalidad de dichas muestras.

c) La prueba de U Mann-Whitney nos permite contrastar si es estadísticamente significativa la relación entre una variable categórica dicotómica y una variable cuantitativa (u ordinal), haciéndose operativo este contraste a través de la comparación de una estimación basada en valores de orden (también denominados, rangos) de la posición de los dos subgrupos de casos definidos por la variable categórica

d) Finalmente, a partir de este estudio, creemos proporcionar una clara evidencia de lo que debe ser enseñado en estadística aplicada a la investigación educativa para mejorar el conocimiento de la estadística desde una perspectiva educativa.

6. Literatura citada

Ferrán, M. (2002) Curso de SPSS para Windows. Madrid: McGraw-Hill.

Levin, J. (1999). Fundamentos de estadística en la investigación social. México: Oxford.

Miller, J. C. y Miller, J. N. (1993). Estadística para ingenieros. Segunda edición. Wilmington, Delaware, E.U.A: Addison Wesley Iberoamericana, S.A.

Pagano, R. (1999). Estadística para las ciencias del comportamiento. México: Thomson.

Pérez, H. (2000). Estadística para la Ciencias Sociales y del Comportamiento. México: OXFORD Univerity.

Pérez, R., García, J.L., Gil, J.A. & Galán, A. (2009) Estadística aplicada a la Educación. Madrid: UNED - Pearson.

Pérez, C. (2005). Técnicas estadísticas con SPSS. México: Prentice-Hall.

Pria, M. C. (2001). Métodos no paramétricos. [En línea]. Cuba: Universidad de La Habana. Disponible en Word Wide Web: áhttp://www.Vcl.sld.cy/75cm /facmedic/webosalud/materiales/mnoparam.htmlñ. [citado 10 de diciembre 2017]

Quintin, T. C. (2008). Tratamiento estadístico de datos con SPSS. España: THOMSON.

Ritchey, J. (2008). Estadística para las ciencias sociales. México: McGraw Hill.

Visauta, B. (2007) Análisis estadístico con SPSS 14: Estadística básica (3a ed.). Madrid: McGraw-Hilll Interamericana.

Rivas-Ruiz, R., Moreno-Palacios, J., & Talaveraa, J. O. (2013). Diferencias de medianas con la U de Mann-Whitney. Rev Med Inst Mex Seguro Soc, 51(4), 414-9.

Wayne, D. (2002). Bioestadística base para el análisis de las ciencias de la salud. 4ª ed. México: Limusa Wiley.

CON GRIN SUS CONOCIMIENTOS VALEN MAS

- Publicamos su trabajo académico, tesis y tesina

- Su propio eBook y libro - en todos los comercios importantes del mundo

- Cada venta le sale rentable

Ahora suba en www.GRIN.com
y publique gratis